配电网无人机巡检作业一本通

拓展应用

国网浙江省电力有限公司 ◎ 编著

图书在版编目（CIP）数据

配电网无人机巡检作业一本通. 拓展应用 / 国网浙江省电力有限公司编著. -- 北京：企业管理出版社，2024.5
ISBN 978-7-5164-3060-6

Ⅰ. ①配… Ⅱ. ①国… Ⅲ. ①无人驾驶飞机－应用－配电系统－巡回检测－技术培训－教材 Ⅳ. ①TM727

中国国家版本馆CIP数据核字(2024)第080952号

书　　名: 配电网无人机巡检作业一本通. 拓展应用
书　　号: ISBN 978-7-5164-3060-6
作　　者: 国网浙江省电力有限公司
责任编辑: 蒋舒娟
出版发行: 企业管理出版社
经　　销: 新华书店
地　　址: 北京市海淀区紫竹院南路17号
邮　　编: 100048
网　　址: http://www.emph.cn
电子信箱: 26814134@qq.com
电　　话: 编辑部（010）68701661　发行部（010）68701816
印　　刷: 北京亿友创新科技发展有限公司
版　　次: 2024年5月第1版
印　　次: 2024年5月第1次印刷
规　　格: 700mm × 1000mm　1/32
印　　张: 2.75印张
字　　数: 65千字
定　　价: 98.00元

编委会

【前言】

自2018年以来，国网浙江省电力有限公司以建设现代设备管理体系为契机，以逐年提升供电可靠性为目标，积极推进传统巡检向智能巡检的转变，推动人工智能技术与配电网巡检业务的融合，逐步以无人机巡检配电网架空线路代替传统人工巡检。除应用无人机开展配电网架空线路巡检作业外，还覆盖无人机配电网工程验收、红外测温、牵引放线作业、应急故障巡视、应急照明辅助抢修、喷火除障、激光雷达点云数据采集、带电作业现场安全监督等应用场景，但均无统一的作业标准、规范和流程。

为进一步提高公司一线员工对配电网架空线路无人机应用场景的了解，同时规范无人机作业流程和作业标准，国网浙江省电力有限公司培训中心组织编写《配电网无人机巡检作业一本通》，以此作为一线员工的培训教材，从“人机协同”“自主巡检”“拓展应用”三个角度阐述无人机在实际配电网架空线路巡检过程中的应用场景、作业标准、作业规范和作业流程等内容。

在编写过程中，编写组按照作业项目的基本流程，在保证各环节符合规范要求的基础上，形成本书的文字内容。在此基础上，请一线专家演示，自编、自导、自演，拍摄大量的图片，对作业项目中无人机飞行的标准、安全飞行距离、标准拍摄顺序和角度等进行说明和规范展示，这对无人机应用的具体操作起到规范作用。

本书以配电网无人机巡检作业为立足点，围绕“人机协同”“自主巡检”“拓展应用”三类现场作业场景，介绍配电网无人机巡检作业的应用场景；对作业前、作业中、作业后的作业概况、作业条件、作业标准流程、作业注意事项及作业后数据上传等内容进行详细讲解，具备很强的实用性，可供从事配电网无人机巡检作业一线员工学习参考。

由于编者水平所限，疏漏之处在所难免，恳请各位专家、读者提出宝贵意见！

编写组

2023 年 12 月 25 日

#【目录】

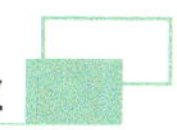

第 1 章　配电网无人机牵引放线作业

1.1 无人机牵引放线作业概述

配电网无人机牵引放线作业是指使用无人机对配电网架空线路施工阶段进行导线引导绳的投放作业。配电网无人机牵引放线的使用，提高了配电网架空线路导线的安装效率，降低了人工劳动强度，实现快速、高效、安全的放线工作。

1.2 作业条件

1.2.1 空域环境

（1）开展架空配电线路无人机作业应遵守《无人驾驶航空器飞行管理暂行条例》（国务院、中央军事委员会令第 761 号）及其他相关国家法律法规与地方政策，规范化使用空域。

（2）未经空中交通管制批准，无人机不得在空中危险区、空中禁区、空中限制区飞行。

（3）执行作业任务前，有关部门应按照有关流程办理空域申请手续。

1.2.2 气象条件

在以下气象条件下，不宜开展无人机作业。

（1）能见度小于 300m 的天气情况。

（2）5 级以上大风或阵风。

（3）雾、雪、大雨、冰雹等恶劣天气。如突遇以上天气变化，已开展的作业应及时终止。

1.2.3 作业现场环境

（1）作业前，应提前勘察、判断作业环境是否满足无人机起降要求（地面危险区、环境复杂区等）。

（2）作业执行人员应熟悉掌握飞行作业路径情况。

（3）作业现场应远离爆破、射击、烟雾、火焰、机场、人群密集、高大建筑、军事管辖、无线电干扰等可能影响无人机飞行的区域。无人机不宜在变电站（所）、电厂上空穿越。

（4）无人机的起降点应与配电线路和其他设备及附属设施保持足够的安全距离，具备起降条件。

（5）作业前，无人机应预先勘察好紧急情况下的安全降落地点。

（6）无人机起飞和降落时，作业人员应与其始终保持足够的安全距离，不应站在无人机航线的正下方。

（7）作业人员划定作业区域，确保其不受外部环境干扰，必要时，可在现场设置安全围栏。

（8）作业现场不应使用可能对无人机通信链路造成干扰的电子设备。

（9）应在环境内有信号塔、居民城区信号干扰较多的地区不宜开展超视距飞行。

（10）作业区域处于狭长地带或大档距、大落差等特殊区域时，作业人员应根据无人机的性能及气象情况

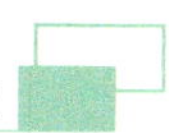

判断是否开展作业。

1.2.4 人员情况

（1）作业人员需熟悉配电网无人机作业系统，取得《无人驾驶航空器飞行管理暂行条例》（国务院、中央军事委员会令第 761 号）规定的相应驾驶员资质证。

（2）作业人员包括工作负责人（一名）和工作班成员，工作班成员至少包括一名无人机驾驶员（飞手），必要时应增设无人机观测员岗。

1.3 设备领用及检查

1.3.1 填写工作任务单

工作任务单如表 1-1 所示。

表1-1　工作任务单

单位：××××××	编号：2023-09-26-TS-01
1. 工作负责人：×××　　工作许可人：×××	
2. 工作班：供电服务一班 工作班成员（不包括工作负责人）：×××	

续表

3. 作业性质： 自主巡检（ ） 精细化巡检（ ） 工程验收（ ） 通道巡检（ ） 故障巡检（ ） 特殊巡检（√） 红外测温（ ） 点云数据采集（ ）
4. 无人机型号及组成：如风 4 等
5. 使用空域范围：（10kV 实训 ××× 线 1 号杆 -3 号杆）
6. 工作任务：（10kV 实训 ××× 线 1 号杆 -3 号杆牵引放线工作）
7. 安全措施（必要时可附页绘图说明） 7.1 飞行安全措施 ①作业时，应时刻注意无人机各项数据是否正常； ②作业时，无人机距电力设备距离不小于 3m，距周边障碍物距离不小于 5m； ③无人机巡检飞行速度不宜大于 5m/s； ④确认气象条件是否满足无人机作业要求； ⑤检查起降点净空范围内有无障碍物，满足安全起降要求； ⑥作业时注意风向，避免引线与无人机缠绕。 7.2 安全策略 ①当无人机在飞行过程中出现偏航的情况时，飞手应及时调整飞行方向，确认该无人机可控和稳定； ②当无人机意外坠落时，飞手应第一时间切断动力电源； ③应提前设置低电压报警功能； 7.3 其他安全措施和注意事项 ①在巡检过程中始终注意观察无人机电机转速、电池电压、航向、飞行姿态等遥测参数，出现异常时应立即报告工作负责人； ②如遇雷、雨、大风天气应停止作业，无人机立即返航就近降落； ③操作人员工作前 8 小时不得饮酒。

续表

8. 许可方式及时间 许可方式：当面通知 许可时间：____年____月____日____时____分至____年____月____日____时____分
9. 作业情况 作业自____年____月____日____时____分开始，于____年____月____日____时____分，无人机撤收完毕，现场清理完毕，作业结束。 工作负责人于____年____月____日____时____分 向工作许可人用当面报告方式汇报。 无人机巡检系统状况：良好
工作负责人：××× 　　工作许可人：×××
填写时间：____年____月____日

1.3.2 设备领用

（1）作业前，飞手到所在单位仓库填写设备领用单，写明无人机及相关配件型号及数量，与工作任务单核对。设备领用清单如表 1-2 所示。

表1-2　无人机牵引放线作业设备领用清单

序号	名称	数量	单位
1	无人机主体	1	台

续表

序号	名称	数量	单位
2	抛投舵机装置	1	套
3	动力电池组	2	组
4	引线及线桶	1	个
5	风速仪	1	个
6	对讲机	≥ 2	台
7	锤重件	1	个

（2）做好交接，当面清点领用物品，记录并签名，如图 1-1 和图 1-2 所示。

图1-1　清点领用设备

图1-2　设备领用签字

1.3.3 设备检查

1.3.3.1 无人机检查

（1）外观检查：检查无人机外观是否完好，无明显损坏或裂纹。如图 1-3 所示。

（2）电池检查：检查无人机电池的电量是否充足，并确保电池没有明显的损坏或漏液。如图 1-4 所示。

图1-3　无人机外观检查

图1-4　无人机电池电量检查

（3）遥控器检查：检查遥控器是否工作正常，按钮、摇杆是否灵敏，无卡滞现象。如图 1-5 所示。

（4）摄像头检查：检查摄像头是否工作正常，清洁镜头，并检查视频传输是否稳定。如图 1-6 所示。

图1-5 遥控器检查

图1-6 摄像头检查并清洁

（5）无人机系统检查：检查 GPS 和导航系统是否准确，确保无人机能够定位自身位置并规划飞行路径。如图 1-7 所示。

图1-7 无人机系统检查

1.3.3.2 牵引装置检查

（1）牵引机构检查：检查牵引机构的构造是否完整，无明显松动或损坏；舵机脱扣装置是否正常动作。如图 1-8 和图 1-9 所示。

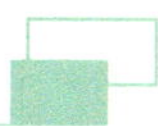

图1-8　牵引装置检查

图1-9　舵机脱扣装置检查

（2）牵引绳检查：检查牵引绳没有明显的断裂、磨损；放线盘收放线正常。如图 1-10 和图 1-11 所示。

图1-10　牵引绳检查

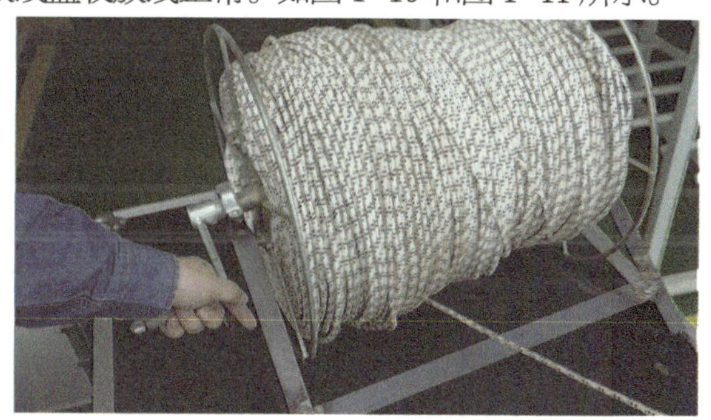

图1-11　放线盘检查

1.3.3.3 对讲机测试

检查并测试领用的全部对讲机电池是否充足，通信是否都已调通，如图 1-12 所示。注意：对讲机的数量取决于现场作业场景的大小，但至少要领用 2 只。

图1-12 对讲机测试

1.4 现场作业前准备

1.4.1 勘察现场环境

（1）进行区域测量和勘察：对需要进行配电网无人机牵引放线作业的区域进行测量和勘察，确定线路路径、杆塔位置、地形等信息，为无人机作业提供准确的数据和参考。

（2）检查现场是否有临时变更的禁飞区域，飞行是否影响周边相关部门。如图 1-13 所示。

图1-13 现场勘察

（3）天气观测：天气应为非雨、雪、大风天气，现场风速应小于 5 级。如图 1-14 所示。

（4）确认现场工作范围内应有适合无人机的起飞和降落地点。如图 1-15 所示。

图1-14　天气观测

图1-15　起降点确定

1.4.2 站班会

开始作业前，应进行站班会，开展“三交三查”工作。“三交”是交任务、交安全、交措施；“三查”是查工作着装、查精神状态、查个人安全用具。检查完毕后履行许可手续。如图 1-16 和图 1-17 所示。

图1-16　三交三查

图1-17　签字确认

1.4.3 飞行前准备

（1）组装设备。飞手和辅助人员按步骤安装无人机。抬升起落架并固定，展开无人机机臂并固定，展开桨叶，抬升无人机信号天线并固定，展开遥控器天线，安装连接监视设备、检查遥控器电池电量并开机，检查无人机电池电量充足后安装电池，整机移动到起降点后接通电源。如图1-18、图1-19、图1-20、图1-21、图1-22、图1-23、图1-24、图1-25、图1-26、图1-27和图1-28所示。

图1-18　抬升起落架并固定

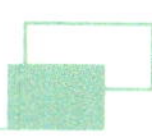

图1-19　展开无人机机臂并固定

图1-20　展开桨叶

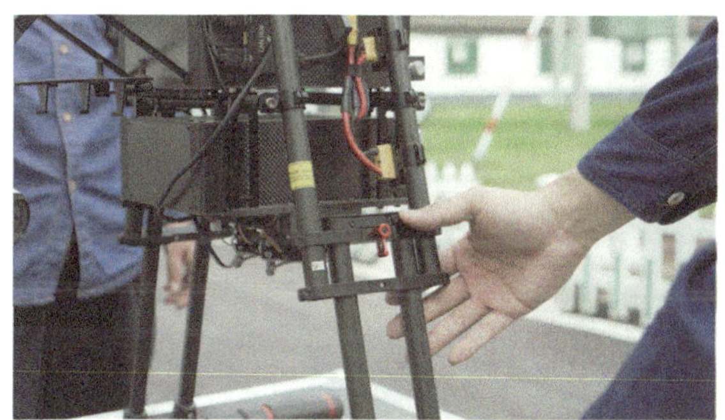

图1-21　抬升无人机信号天线并固定

图1-22　展开遥控器天线

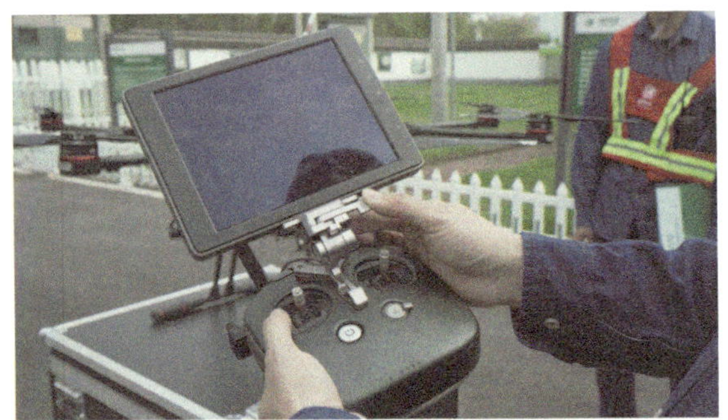

图1-23　安装连接监视设备、检查遥控器电池电量并开机

图1-24　检查无人机电池电量是否充足

图1-25　整机移动到起降点

图1-26　安装电池

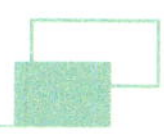

图1-27　接通电源

图1-28　打开无人机电源

（2）飞行前检查。飞手操作遥控器进入移动端 App 操作界面。检查确认飞行状态栏内的 GPS 状态、指南针状态、摇杆模式、返航高度；检查确认飞行模式为任务要求的指定模式（默认为 P 挡），测试图传和云台转向功能正常，测试抛投锁扣工作正常。如图 1-29 和图 1-30 所示。

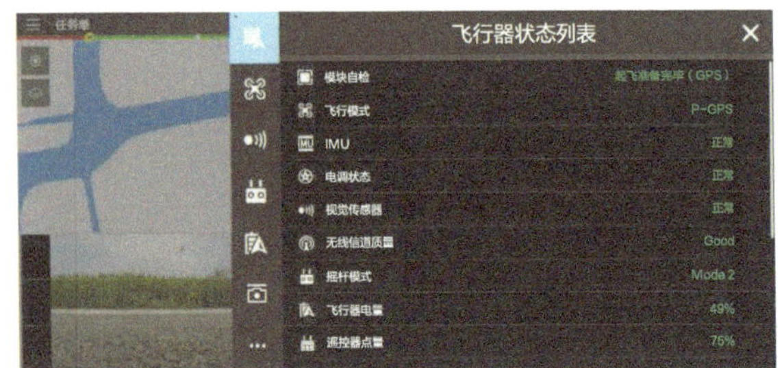

图1-29　进入无人机App操作界面，检查飞行器状态列表

图1-30　测试抛投锁扣

1.5 飞行作业

1.5.1 引线挂钩

（1）辅助人员整理线盘，拉出引线，制作引线锤重（在脱扣器下 2~5m 的牵引绳处挂铁件，防止飞行过程中牵引线被无人机桨叶缠绕）。如图 1-31、图 1-32、图 1-33 和图 1-34 所示。

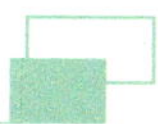

图1-31　整理线盘

图1-32　拉出引线

图1-33　制作引线锤重

图1-34　悬挂引线锤重

（2）飞手操作无人机向上直线起飞 10m 左右，高空测试抛投锁扣是否正常，测试结束后辅助人员将引线挂载到锁扣内。如图 1-35、图 1-36、图 1-37 和图 1-38 所示。

图1-35　高空测试抛投锁扣是否正常（a）

图1-36　高空测试抛投锁扣是否正常（b）

图1-37　将引线挂载到锁扣内（a）

图1-38　将引线挂载到锁扣内（b）

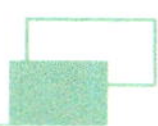

（3）无人机解锁起飞，按计划向既定目的地飞行。注意：牵引放线无人机飞行速度应控制在 6m/s 以下。如图 1-39 所示。

（4）飞离起点向目标杆塔飞行，要保持引线弧垂距离交跨的强电、弱电线路及遮挡物有足够的安全高度。如图 1-40 和图 1-41 所示。

图1-39　无人机解锁起飞

图1-40　无人机向目标杆塔飞行

图1-41　架线人员固定摆放牵引绳

（5）投放牵引线：到达目标杆塔上空后，适当降低高度，确保牵引线垂直于横担上方，然后拨动舵机开关，将牵引线投下。如图 1-42 和图 1-43 所示。

图1-42　投放牵引线

图1-43　架线人员固定摆放牵引线

1.5.2 飞行结束

（1）完成放线：无人机投放完牵引线后，根据规划的飞行路径，安全返航。

（2）安全降落：飞手控制无人机安全降落到预定降落点。如图 1-44 所示。

图1-44　无人机降落

1.6 作业完成

辅助人员配合飞手收纳无人机，摘除牵引线并通过放线盘收回，并对现场无人机及配套设备进行简单清洁和整理，完毕后，现场记录并终结工作任务，随后撤离作业现场。如图 1-45、图 1-46、图 1-47 和图 1-48 所示。

图1-45　收回整理机臂、桨叶、电池等

图1-46　收纳无人机

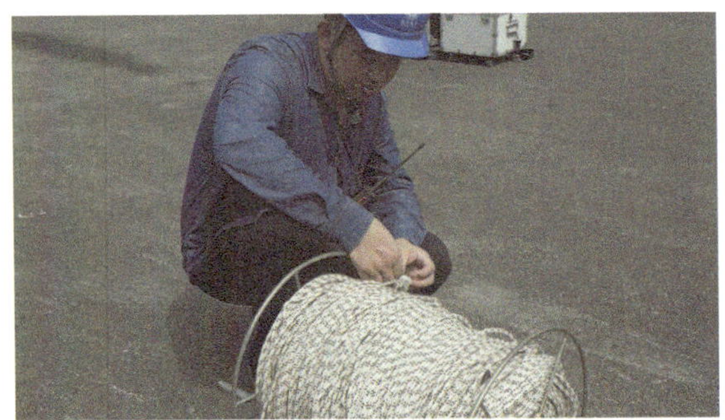

图1-47　整理放线盘及牵引线

图1-48　撤离作业现场

第 2 章　配电网无人机应急照明

2.1 作业概况

配电网无人机应急照明，即当出现夜间抢修或有重大突发事件，工作现场照明不满足作业要求，急需大范围、高亮度的照明辅助时，使用系留探照无人机进行夜间应急照明工作。

2.2 作业条件

2.2.1 空域环境

（1）开展架空配电线路无人机作业应遵守《无人驾驶航空器飞行管理暂行条例》（国务院、中央军事委员会令第 761 号）及其他相关国家法律法规与地方政策，规范化使用空域。

（2）未经空中交通管制批准，无人机不得在空中危险区、空中禁区、空中限制区飞行。

（3）执行作业任务前，有关部门应按照有关流程办理空域申请手续。

2.2.2 气象条件

在以下气象条件下，不宜开展配电网无人机应急照明作业。

（1）5 级以上大风或阵风。

（2）出现雾、雪、大雨、大风、冰雹等恶劣天气不利于飞行作业的情况时，不应开展无人机作业，已开展的作业应及时终止。

2.2.3 作业现场环境

（1）作业前，应提前勘察、判断作业环境是否满足无人机起降要求。

（2）作业人员应熟悉掌握飞行作业线路情况。

（3）作业现场应远离爆破、射击、烟雾、火焰、机场、铁路、人群密集、高大建筑、军事管辖、无线电干扰等可能影响无人机飞行的区域。无人机不宜在变电站（所）、电厂上空穿越。

（4）无人机的起降点应与配电线路和其他设备及附属设施保持足够的安全距离，具备起降条件。

（5）作业前，无人机应预先勘察好紧急情况下的安全降落地点。

（6）无人机起飞和降落时，作业人员应与其始终保持足够的安全距离，不应站在无人机航线的正下方。

（7）作业人员划定作业区域，确保其不受外部环境干扰，必要时，可在现场设置安全围栏。

（8）作业现场不应使用可能对无人机通信链路造成干扰的电子设备。

（9）应在作业环境内有信号塔、居民城区信号干扰较多的地区减少超视距飞行。

（10）作业区域处于狭长地带或大档距、大落差等特殊区域时，作业人员应根据无人机的性能及气象情况判断是否开展作业。

2.2.4 人员情况

（1）作业人员需熟悉配电网无人机作业系统，取得《无人驾驶航空器飞行管理暂行条例》（国务院、中央军事委员会令第 761 号）规定的相应驾驶员资质证。

（2）作业人员包括工作负责人（一名）和工作班成员，工作班成员至少包括一名无人机驾驶员（飞手），必要时应增设无人机观测员岗。

2.3 应急照明设备领用及检查

2.3.1 填写应急照明工作任务单

本作业机型以 M300 系列 50 米系留照明无人机为例。应急照明工作任务单如表 2-1 所示。

表2-1　应急照明工作任务单

单位：××××××	编号：2023-09-13-GZ-01
1. 工作负责人：×××　　　　工作许可人：×××	
2. 工作班： 工作班成员（不包括工作负责人）：×××	
3. 作业性质： 通道巡检（　）　精细化巡检（　）　工程验收（　）　自主巡检（　）　故障巡检（　）　特殊巡检（　）　应急照明（√）	
4. 无人机巡检系统型号及组成：经纬 M300、系留套装	

续表

5. 使用空域范围 :10kV 保安 ××× 线	
6. 工作任务 :10kV 保安 ××× 线 16# 故障抢修应急照明	
7. 安全措施（必要时可附页绘图说明） 7.1 飞行巡检安全措施 ①确认气象条件是否满足无人机起降条件； ②检查起降点的周围环境，确认满足起飞条件。 7.2 安全策略：设置电量低于 30% 自动返航。 7.3 其他安全措施和注意事项 ①如遇雷、雨、大风天气，应停止作业，无人机立即返航就近降落； ②工作人员操作前 8 小时内不得饮酒； ③无人机起飞和降落时，现场所有人员应与无人机保持足够的安全距离（5m）。 7.4 上述 1~6 项由工作负责人____根据工作任务布置人____的布置填写。	
8. 许可方式及时间 许可方式：当面通知 许可时间：____年____月____日____时____分至____年____月____日____时____分	
9. 作业情况 作业自____年____月____日____时____分开始，于____年____月____日____时____分，无人机撤收完毕，现场清理完毕，作业结束。 工作负责人于____年____月____日____时____分 向工作许可人用当面报告方式汇报。 无人机巡检系统状况：良好	
工作负责人（签名）：×××	工作许可人：×××
填写时间：____年____月____日____时____分	

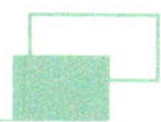

确认当时空域是否为禁飞区，确定应急照明工作任务内容，确定应急照明作业人员，确定所需设备。

2.3.2 设备领用

凭工作任务单前往无人机库房领取系留箱、小型发电机（储能器）、系留无人机及配件，做好交接，当面清点领用物品，记录并签名，作业完成后及时归还。如图 2-1 和表 2-2 所示。

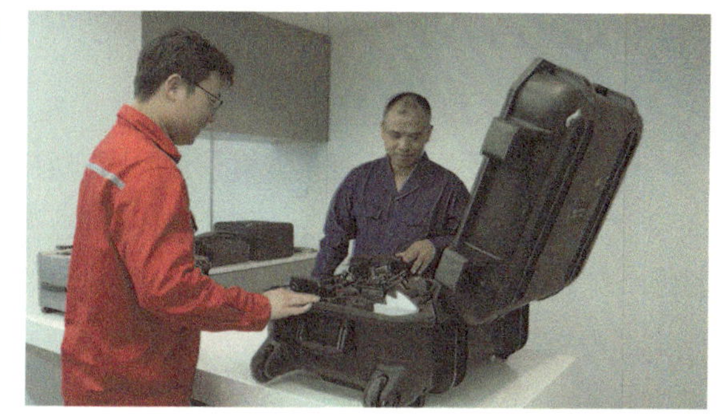

图2-1　设备领用

表2-2　设备与配品配件清单

序号	设备	数量	单位
1	无人机：M300	1	套
2	原厂电池	2	块
3	小型发电机（储能器）	1	台
4	系留箱	1	套
5	照明系统模块	1	套
6	外接电源线盘	1	个

2.3.3 设备检查

2.3.3.1 无人机设备检查

（1）外观检查：检查无人机外观是否完好，无明显损坏或裂纹，检查桨叶是否完好；检查照明灯具是否完好。

（2）电池检查：检查无人机电池的电量是否充足，并确保电池没有明显的损坏。

（3）遥控器检查：检查无人机遥控器电量是否充足、能否工作正常；按钮、摇杆是否灵敏，无卡滞现象。

图2-2　外观检查

（4）无人机系统检查：图传、数传是否正常；软件版本是否需要更新；检查 GPS 和导航系统是否准确。无人机设备检查如图 2-2、图 2-3、图 2-4、图 2-5 和图 2-6 所示。

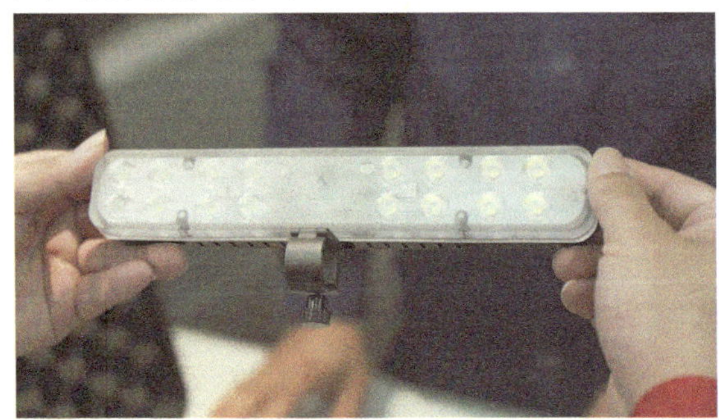

图2-3　照明设备检查

图2-4　电池检查

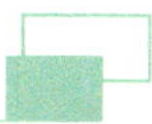

图2-5　遥控器检查

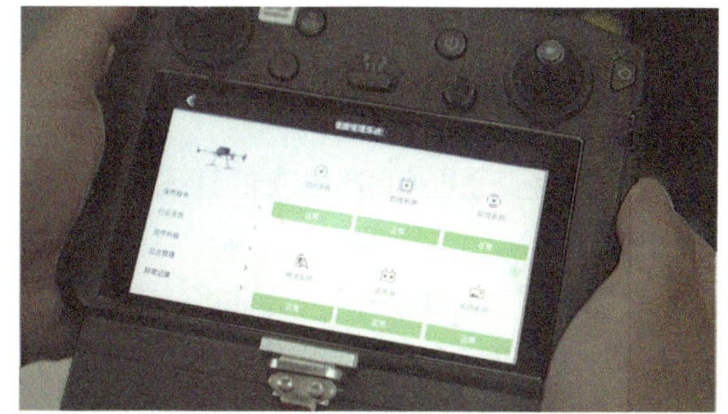

图2-6　无人机系统检查

2.3.3.2 系留设备检查

（1）系留箱检查：检查系留箱配件是否齐全，并通电查看系留线缆出线、供电可靠。

（2）小型发电机（储能器）：检查小型发电机（储能器）油料（电量）是否充足齐全；是否安全运行；是否供电可靠。系留设备检查和储能器检查分别如图 2-7 和图 2-8 所示。

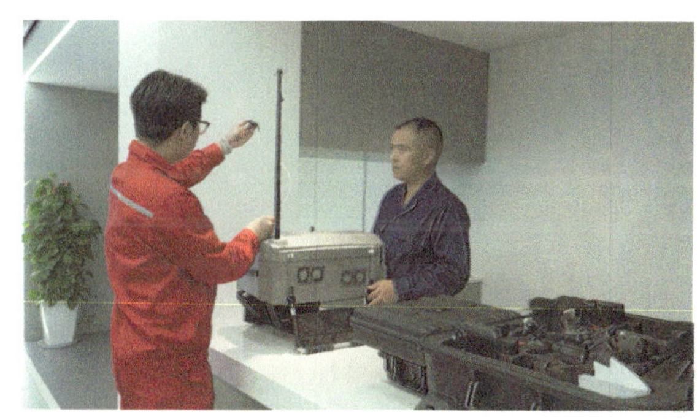

图2-7　系留设备检查

2.4 现场作业前准备

2.4.1 现场环境勘察

（1）检查是否有临时变更的禁飞区域，飞行是否影响周边相关部门。

（2）天气观测：天气应为非雨、雪、雾、大风天气，现场风速不应大于5级。

（3）环境观察：确认作业线路周围是否有可能影响信号传输的建筑、高山等遮挡物。

（4）确认现场作业范围内应有适合无人机的起飞和降落地点。

现场环境勘察如图2-9、图2-10和图2-11所示。

图2-8　储能器检查

图2-9　现场环境勘察

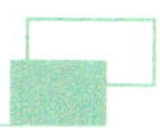

图2-10　天气观测

图2-11　确认起降点

2.4.2 站班会

开始作业前，应进行站班会，开展“三交三查”工作。“三交”是交任务、交安全、交措施；“三查”是查工作着装、查精神状态、查个人安全用具。检查完毕后履行许可手续。站班会如图 2-12 所示。

图2-12　站班会

2.4.3 现场设备准备

（1）按步骤安装无人机：展开无人机机臂，安装并展开桨叶，展开遥控器天线，安装连接监视设备，检查确认电池及遥控器电池电量，飞行时切忌电池压差过大，满电状态为最佳；安装照明系统模块，照明系统模块安装时确保螺丝拧紧，防止掉落；将照明系统模拟块连接好系留箱电源，并手动拉出 3m 线缆。如图 2-13、图 2-14、图 2-15、图 2-16、图 2-17、图 2-18、图 2-19、图 2-20、图 2-21、图 2-22 和图 2-23 所示。

图2-13　供电模块

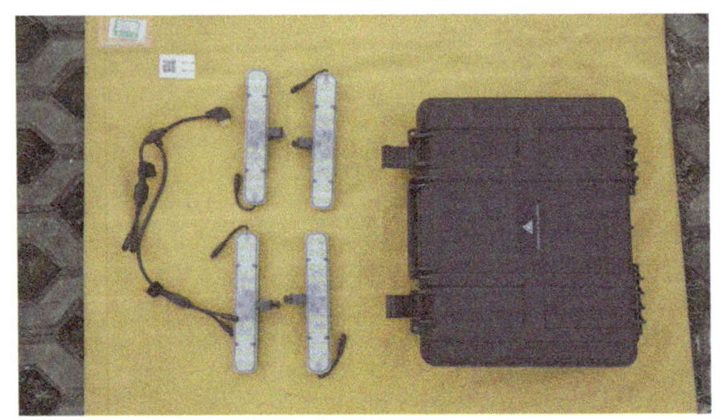

图2-14　照明模块

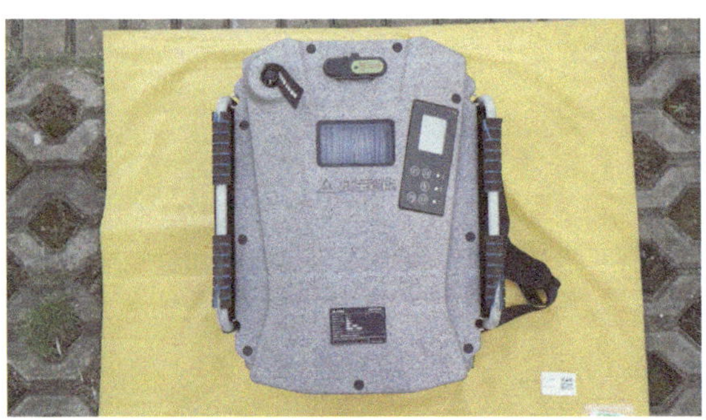

图2-15　系留箱

图2-16　储能器

图2-17　无人机

图2-18　展开机臂及桨叶

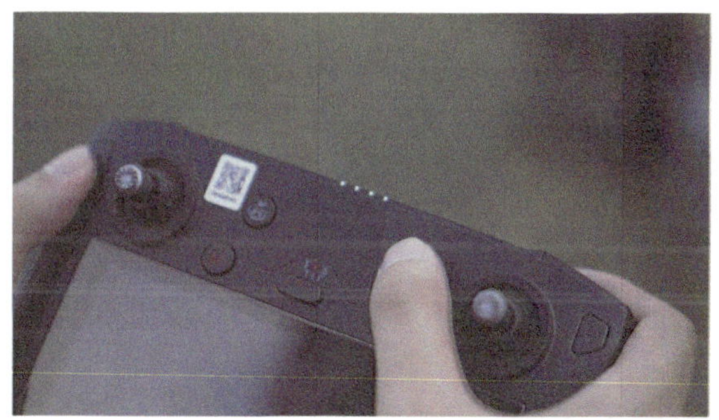

图2-19　检查遥控器电量

图2-20　安装供电模块

图2-21　连接供电模块

图2-22　安装电池

图2-23　拉出3m线缆

（2）打开电源顺序：第一步打开遥控器电源，检查无人机系统；第二步打开小型发电机（储能器）开关；第三步打开系留箱开关，接通市电，指示灯亮，系留箱开始输出；第四步打开无人机电源。如图 2-24、图 2-25、图 2-26、图 2-27 和图 2-28 所示。

（3）进入移动端 App（DJI Pilot）操作界面，检查确认飞行状态栏中无异常，检查摇杆模式，检查返航高度，检查确认飞行模式为 P 模式，飞行前确保无人机下视避障关闭，检查无人机前置摄像头功能正常，检查确认无人机完成返航点刷新状态。如图 2-29 和图 2-30 所示。

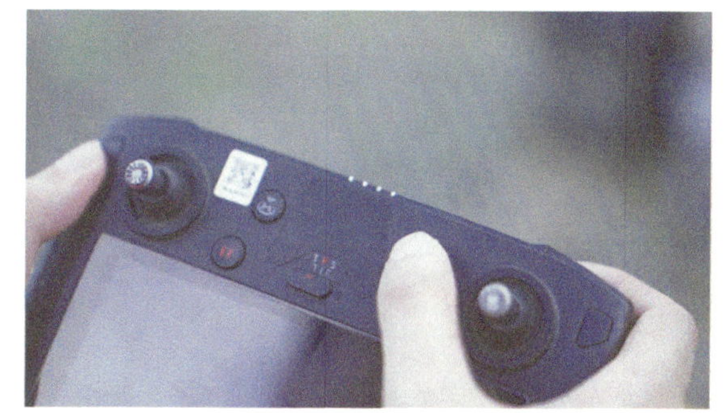

图2-24　打开遥控器电源

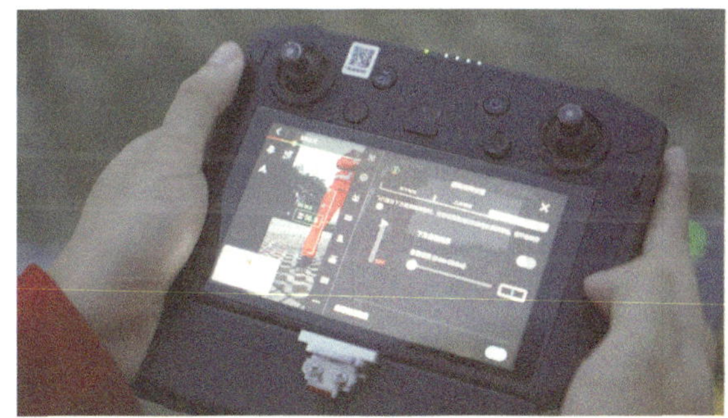

图2-25　检查无人机系统

图2-26　打开储能器电源

图2-27　打开系留箱电源

图2-28　打开无人机电源

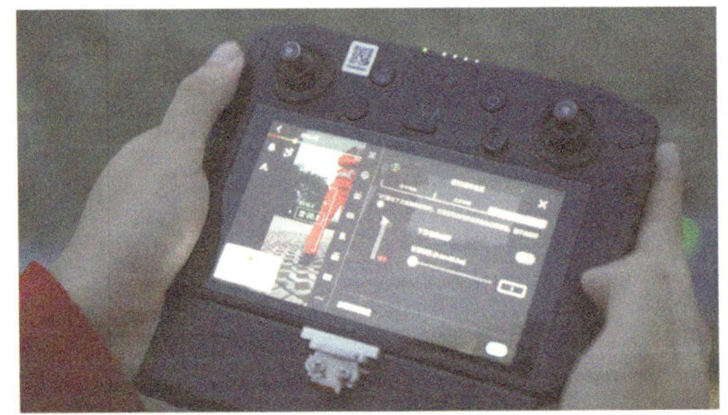
图2-29　检查无人机系统

图2-30　无人机准备起飞

2.5 应急照明作业

2.5.1 无人机解锁起飞

启动电机，查看桨叶旋转后，摇杆回中，此时可以向上推油门杆起飞无人机。继续操作无人机油门杆，无人机上升至 3m 高度，检查无人机滞空状态下照明模块是否正常工作，调整好后，继续控制无人机至合适照明高度。如图 2-31 和图 2-32 所示。

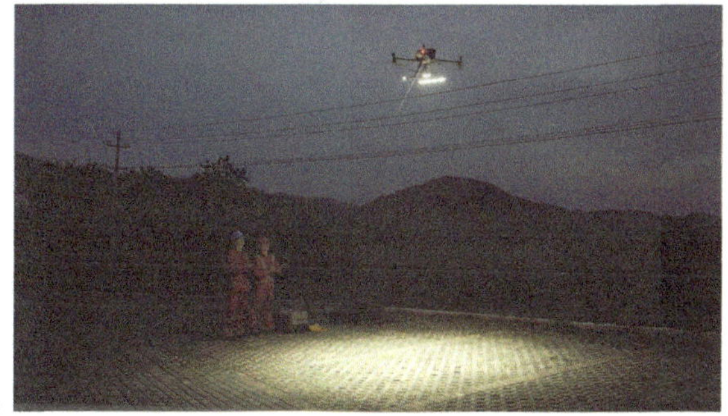

图2-31　检查无人机滞空状态

图2-32　无人机飞向照明点

2.5.2 进入工作位置进行照明作业

无人机上升过程中速度要保持在 1m/s 以内，不能过快，当飞行高度在 40m 左右时，要注意查看系留箱出线的标识，留足余线。建议飞行高度在35m左右，照明效果最好。如图2-33和图2-34所示。

图2-33　无人机照明工作

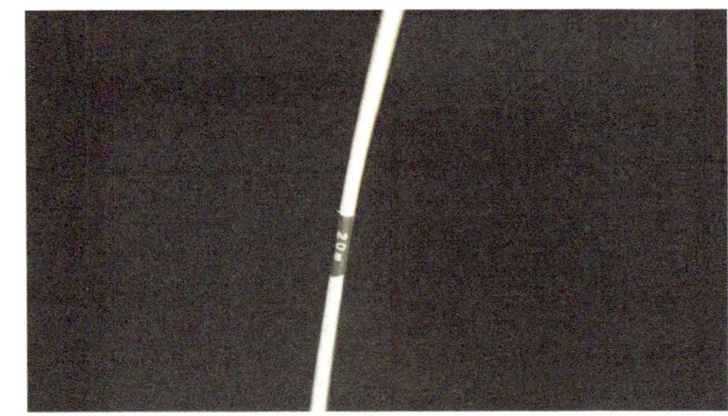

图2-34　系留箱出线标识

2.5.3 照明注意事项

（1）工作负责人负责观察环境变化、设备状态、周边人员的安全，辅助飞手安全飞行。

（2）无人机飞手应关注无人机在照明目标上方进行照明时电池电量的消耗情况，电池电量下降过快必须降落无人机，检查是否有故障；注意遥控器电量，当第二个指示灯闪烁时要及时充电；系留线带有高压电，使用过程中如果需要手动收线，一定要在系留箱开关断开下操作或戴绝缘手套操作；建议系留系统工作时间不超过3个小时，飞手应该随时根据现场条件检查系统状况。

2.6 应急照明作业完成

2.6.1 应急照明作业结束飞回降落

照明完成后，飞手操控无人机至起降点上方悬停，操控无人机飞至安全高度，关闭照明模块避免强光伤眼，使用地面照明，启动系留箱线缆收回，收回时避免线缆打结，无人机下降时避开人员。无人机降落至起降点位置上方，当距离地面 0.5m 时，将油门摇杆向下打到底，无人机缓慢下降至起降点，最后松开油门摇杆。下降时飞手应避免无人机脚架压到线缆。如图 2-35 所示。

图2-35　操控油门下降无人机

2.6.2 照明作业完成整理设备

无人机电机停止后，第一步关闭系留箱输出电源；指示灯呈黄色；第二步断开线缆与无人机的连接；第三步关闭无人机电源和遥控器电源；第四步系留箱待机状态下启动收线功能，收线完成后关闭系留箱总电源；第五步关闭小型发电机（储能器）；第六步取下无人机监视设备和连接线，折叠遥控器天线，取下无人机螺旋桨，按顺序折叠机臂。最后确认现场无遗留物，工作负责人终结工作任务。设备整理完成如图 2-36 所示。

图2-36　设备整理完成

2.7 无人机归还

完成应急照明工作任务后，简单清洁无人机设备，将设备归还入库。如图 2-37、图 2-38 和图 2-39 所示。

图2-37　清洁无人机设备（a）

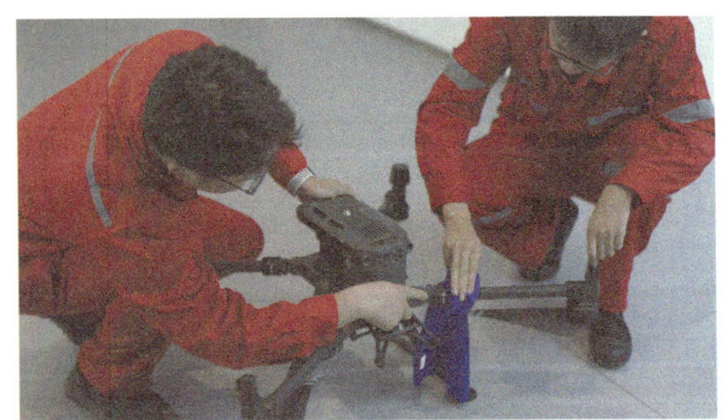

图2-38　清洁无人机设备（b）

图2-39　归还设备

第 3 章　配电网无人机架空线路喷火除障

3.1 作业概况

配电网无人机架空线路喷火除障作业，即采用合适型号的无人机携带相关喷火装置对配电网架空线路上的风筝线、气球、塑料袋等异物进行消除，保障快速消缺的同时，应保障现场作业人员安全。

3.2 作业条件

3.2.1 空域环境

（1）开展架空配电线路无人机作业应遵守《无人驾驶航空器飞行管理暂行条例》（国务院、中央军事委员会令第 761 号）及其他相关国家法律法规与地方政策，规范化使用空域。

（2）未经空中交通管制批准，无人机不得在空中危险区、空中禁区、空中限制区飞行。

（3）执行作业任务前，有关部门应按照有关流程办理空域申请手续。

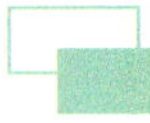

3.2.2 气象条件

在以下气象条件下，不宜开展无人机巡检作业。

（1）能见度小于 300m 的天气情况。

（2）3 级以上大风或阵风。

（3）雾、雪、大雨、冰雹等恶劣天气。如突遇以上天气变化，已开展的应及时终止。

3.2.3 作业现场环境

（1）作业前，应提前勘察、判断作业环境是否满足无人机起降要求（地面危险区、环境复杂区等）。

（2）作业人员应熟悉掌握飞行作业线路情况。

（3）作业现场应远离爆破、射击、烟雾、火焰、机场、铁路、人群密集、高大建筑、军事管辖、无线电干扰等可能影响无人机飞行的区域。无人机不宜在变电站（所）、电厂上空穿越。

（4）无人机起、降点应与配电线路和其他设备及附属设施保持足够的安全距离，具备起降条件。

（5）作业前，无人机应预先勘察好紧急情况下的安全降落地点。

（6）无人机起飞和降落时，作业人员应与其始终保持足够的安全距离，不应站在无人机航线的正下方。

（7）作业人员划定作业区域，确保其不受外部环境干扰，必要时，可在现场设置安全围栏。

（8）作业现场不应使用可能对无人机通信链路造成干扰的电子设备。

（9）应在环境内有信号塔、居民城区信号干扰较多的地区不宜开展超视距飞行。

（10）作业区域处于狭长地带或大档距、大落差等特殊区域时，作业人员应根据无人机的性能及气象情况

判断是否开展作业。

3.2.4 人员情况

（1）作业人员需熟悉配电网无人机作业系统，取得《无人驾驶航空器飞行管理暂行条例》（国务院、中央军事委员会令第 761 号）规定的相应驾驶员资质证。

（2）作业人员包括工作负责人和工作班成员，工作班成员包括至少一名无人机驾驶员（飞手），必要时应增设无人机观测员一岗。

3.3 设备领用及检查

3.3.1 开具工作任务单

工作任务单如表 3-1 所示。

表3-1　工作任务单

单位：　××××××	编号：2023-09-26-TS-01
1. 工作负责人：×××　　工作许可人：×××	
2. 工作班：供电服务一班 工作班成员（不包括工作负责人）：×××	

3. 作业性质 自主巡检（ ） 精细化巡检（ ） 工程验收（ ） 通道巡检（ ） 故障巡检（ ） 特殊巡检（√） 红外测温（ ） 点云数据采集（ ）
4. 无人机型号及组成：M300rtk 、如风 4 等
5. 使用空域范围：（石塘供电所 10kV 实训 ××× 线 1 号杆 ~3 号杆）
6. 工作任务：（10kV 实训 ××× 线 3 号杆喷火除障作业）
7. 安全措施（必要时可附页绘图说明） 7.1 飞行安全措施 ①作业时，飞手应时刻注意无人机各项数据是否正常； ②作业时，无人机距带电设备距离不小于 1m，距周边障碍物距离不小于 5m； ③无人机巡检飞行速度不宜大于 5m/s； ④确认气象条件是否满足无人机作业要求； ⑤检查起降点净空范围内有无障碍物，满足安全起降要求； ⑥作业时注意风向，切勿逆风喷火。 7.2 安全策略 ①当无人机在飞行过程中出现偏航的情况时，飞手应及时调整飞行方向，确认该无人机可控和稳定； ②当无人机意外坠落时，应携带灭火器第一时间确认是否发生次生火患； ③应提前设置低电压报警功能； 7.3 其他安全措施和注意事项 ①在巡检过程中，飞手始终注意观察无人机电机转速、电池电压、航向、飞行姿态等遥测参数，出现异常时应立即报告工作负责人； ②如遇雷、雨、大风天气应停止作业，无人机立即返航就近降落； ③操作人员工作前 8 小时不得饮酒。

8. 许可方式及时间 许可方式：当面通知 许可时间：____年____月____日____时____分至____年____月____日____时____分
9. 作业情况 作业自____年____月____日____时____分开始，于____年____月____日____时____分，无人机撤收完毕，现场清理完毕，作业结束。 工作负责人于____年____月____日____时____分 向工作许可人用当面报告方式汇报。 无人机巡检系统状况：良好
工作负责人：××× 　　工作许可人：×××
填写时间：____年____月____日

3.3.2 设备领用

作业前，飞手到所在单位仓库填写设备领用单，写明无人机及相关配件型号及数量，与工作任务单核对。设备领用清单如表 3-2 所示。

表3-2　无人机喷火作业设备领用清单

序号	名称	数量	单位
1	无人机主体	1	台
2	喷火器	1	台
3	动力电池组	2	组
4	燃料桶	1	个
5	风速仪	1	个
6	对讲机	≥ 2	台
7	警戒带	20	米
8	灭火器	≥ 2	个

设备领用步骤如图 3-1、图 3-2 和图 3-3 所示。

图3-1　填写无人机出入库登记表

图3-2　清点领用设备

图3-3　设备领用签字

3.3.3 设备检查

3.3.3.1 无人机检查

（1）外观检查：检查无人机外观是否完好，无明显损坏或裂纹。如图 3-4 所示。

（2）电池检查：检查无人机电池的电量是否充足，并确保电池没有明显的损坏或漏液。如图 3-5 所示。

图3-4　外观检查

图3-5　电池检查

（3）遥控器检查：检查遥控器是否工作正常，按钮、摇杆是否灵敏，无卡滞现象。如图 3-6 所示。

（4）摄像头检查：检查摄像头是否工作正常，清洁镜头，并检查视频传输是否稳定。如图 3-7 所示。

图3-6　遥控器检查

图3-7　摄像头检查并清洁

（5）无人机系统检查：检查 GPS 和导航系统是否准确，确保无人机能够定位自身位置并规划飞行路径。如图 3-8 所示。

图3-8　无人机系统检查

3.3.3.2 喷火装置检查

（1）检查喷火具的构造是否完整，是否能组装到已领用的无人机上。如图 3-9 所示。

（2）检查喷火的燃料及 2 个手持式灭火器是否齐备。

图3-9　喷火装置检查

3.4 现场作业前准备

3.4.1 勘察现场环境

（1）进行区域测量和勘察：对需要进行配电网无人机喷火清障作业的区域进行测量和勘察，确定线路路径、杆塔位置、地形等信息，为无人机作业提供准确的数据和参考。

（2）检查是否有临时变更的禁飞区域，飞行是否影响周边相关部门。如图 3-10 所示。

图3-10　现场勘察

(3) 天气观测：天气应为非雨、雪、大风天气，现场风速应小于3级。如图3-11所示。

(4) 确认现场工作范围内应有适合无人机的起飞和降落地点。如图3-12所示。

图3-11　天气观测

图3-12　起降点确定

3.4.2 站班会

开始作业前应进行站班会，开展“三交三查”工作。“三交”是交任务、交安全、交措施；“三查”是查工作着装、查精神状态、查个人安全用具。检查完毕后履行许可手续。如图3-13和图3-14所示。

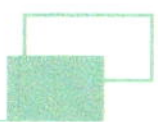

图3-13　三交三查

图3-14　签字确认

3.4.3 飞行前准备

3.4.3.1 设备组装

飞手和辅助人员按步骤安装无人机，安装固定板（见图 3-15），展开起落架并固定（见图 3-16），展开无人机机臂并固定(见图3-17),展开桨叶,展开无人机信号天线并固定,展开遥控器天线，安装连接监视设备，添加燃料到指定燃料箱（见图 3-18），安装喷火装置并正确接线（见图 3-19 至图 3-22），接好信号线和电源线（见图 3-23），检查遥控器电池电量并开机，检查无人机电池电量充足后安装电池（见

图3-15　安装固定板

图 3-24 和图 3-25），安装气压瓶（见图 3-26 和图 3-27），整机移动到起降点后接通电源（见图 3-28）。

图3-16 展开起落架并固定

图3-17 展开无人机机臂并固定

图3-18 添加燃料到指定燃料箱

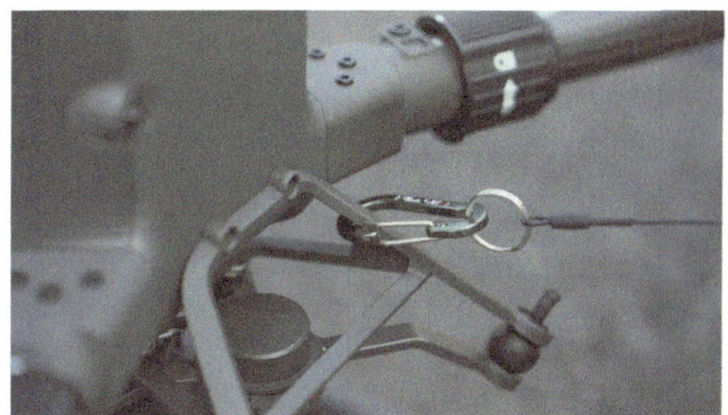

图3-19　牢固安装喷火器至无人机（a）

图3-20　牢固安装喷火器至无人机（b）

图3-21　牢固安装喷火器至无人机（c）

图3-22　检查喷火器是否安装牢固

图3-23　接好信号线和电源线

图3-24　检查无人机电池电量充足后安装电池（a）

图3-25　检查无人机电池电量充足后安装电池（b）

图3-26　安装气压瓶

图3-27　气压瓶安装完成

图3-28　整机移动到起降点后接通电源

3.4.3.2 飞行前检查

（1）接通无人机电源，飞手操作遥控器进入无人机 App 操作界面，检查确认飞行状态栏内的 GPS 状态、磁场状态、摇杆模式、返航高度，检查确认飞行模式为 P 模式，测试图传和云台转向功能是否正常，如图 3-29 和图 3-30 所示。

图3-29　进入无人机App操作界面

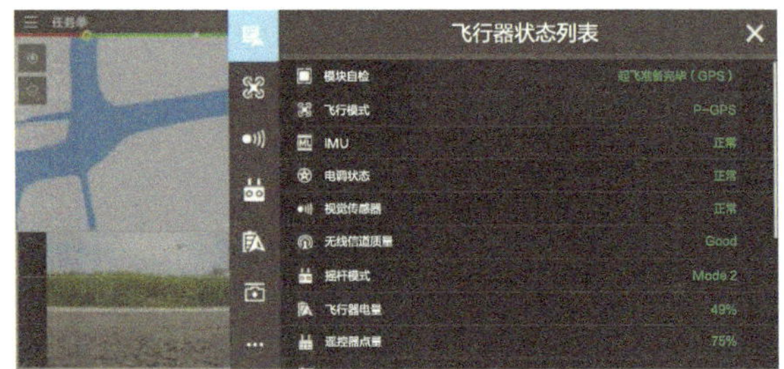

图3-30　检查飞行器状态列表

（2）在地面进行喷火器试射，检查点火程序软硬件工作是否正常，如图 3-31 所示。

（3）确认一切正常后，无人机起飞前准备工作完毕。

图3-31　在地面进行喷火器试射

3.5 开展喷火除障工作

3.5.1 无人机解锁起飞后

无人机起飞后，辅助人员手持对讲机随着无人机移动自身位置，填补飞手的视觉盲区。如图 3-32 和图 3-33 所示。

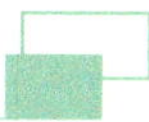

图3-32　辅助人员手持对讲机填补飞手的视觉盲区（a）

图3-33　辅助人员手持对讲机填补飞手的视觉盲区（b）

3.5.2 开展喷火除障

飞手将无人机飞往待清障点，喷火口对准障碍物缠住导线的根部。监护辅助人员通过对讲机引导无人机微调位置，双方保持沟通顺畅。

飞手和监护辅助人员均确认喷火口对准目标后，点火喷射进行除障。如果一次除障不成功，在监护辅助人员的指引下，飞手可操作无人机进行多次喷火，如图 3-34 所示。注意：根据风向、风力、喷火器性能等，调整与目标物的距离和角度。

图3-34　对准障碍物喷火作业

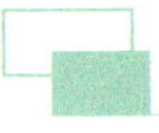

持续喷火时间不得持续 3 秒以上；待导线上的目标物或者喷火口的明火完全熄灭才可进行下一次喷火，以免发生回火现象和异物燃烧未尽掉落引起次生灾害。

3.6 作业完成

辅助人员完成清理工作后，辅助飞手收纳无人机，清理多余燃料，关闭无人机电源，拆除气压瓶，拆除喷火器，收纳无人机，现场记录并终结工作任务单，整理完毕后离场。如图 3-35、图 3-36、图 3-37、图 3-38、图 3-39、图 3-40 和图 3-41 所示。

图3-35　清理多余燃料

图3-36　关闭无人机电源

图3-37　拆除气压瓶

图3-38　拆除喷火器

图3-39　收纳无人机

图3-40　现场记录并终结工作任务单

图3-41　整理完毕后离场

第 4 章　无人机带电作业现场安全监督

4.1 作业概况

无人机带电作业现场安全监督主要用于带电作业无人机视角的安全监控，对现场工作内容进行视频拍摄，若在现场监控过程中存在违章及问题行为，可通过喊话功能及时纠正或制止。其他施工作业也可参考执行。

4.2 作业条件

4.2.1 空域环境

（1）开展架空配电线路无人机作业应遵守《无人驾驶航空器飞行管理暂行条例》（国务院、中央军事委员会令第 761 号）及其他相关国家法律法规与地方政策，规范化使用空域。

（2）未经空中交通管制批准，无人机不得在空中危险区、空中禁区、空中限制区飞行。

（3）执行作业任务前，有关部门应按照有关流程办理空域申请手续。

4.2.2 作业现场环境

（1）作业前，应提前勘察、判断作业环境是否满足无人机起降要求。

（2）作业人员应熟悉掌握飞行作业线路情况。

（3）作业现场应远离爆破、射击、烟雾、火焰、机场、铁路、人群密集、高大建筑、军事管辖、无线电干扰等可能影响无人机飞行的区域。无人机不宜在变电站（所）、电厂上空穿越。

（4）无人机的起降点应与配电线路和其他设备及附属设施保持足够的安全距离，具备起降条件。

（5）作业前，无人机应预先勘察好紧急情况下的安全降落地点。

（6）无人机起飞和降落时，作业人员应与其始终保持足够的安全距离，不应站在无人机航线的正下方。

（7）作业人员划定作业区域，确保其不受外部环境干扰，必要时，可在现场设置安全围栏。

（8）作业现场不应使用可能对无人机通信链路造成干扰的电子设备。

（9）应在作业环境内有信号塔、居民城区信号干扰较多的地区减少超视距飞行。

（10）作业区域处于狭长地带或大档距、大落差等特殊区域时，作业人员应根据无人机的性能及气象情况判断是否开展作业。

4.3 设备领用及检查

4.3.1 填写带电作业现场安全监督工作任务单

本作业机型无人机以御 3 行业版为例。工作任务单如表 4-1 所示。

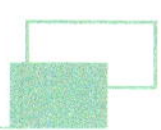

表4-1　工作任务单

<table>
<tr><td>单位：　×××××</td><td>编号：2023-09-26-dy-01</td></tr>
<tr><td colspan="2">1. 工作负责人：×××　　工作许可人：×××</td></tr>
<tr><td colspan="2">2. 工作班：供电服务二班
工作班成员（不包括工作负责人）：×××</td></tr>
<tr><td colspan="2">3. 作业性质
自主巡检（　） 精细化巡检（　） 工程验收（　） 通道巡检（　） 故障巡检（　） 特殊巡检（√）
红外测温（　） 点云数据采集（　）</td></tr>
<tr><td colspan="2">4. 无人机型号及组成：御 3、电池及桨叶若干</td></tr>
<tr><td colspan="2">5. 使用空域范围：（西塘供电所 10kV 实训 ××× 线 1 号杆 ~3 号杆）</td></tr>
<tr><td colspan="2">6. 工作任务：（10kV 实训 ××× 线 3 号杆带电作业安全监督）</td></tr>
<tr><td colspan="2">7. 安全措施（必要时可附页绘图说明）
7.1 飞行巡检安全措施
①巡检作业时，飞手应时刻注意无人机各项数据是否正常；
②巡检作业时，无人机距带电设备距离不小于 3m，距周边障碍物距离不小于 5m；
③无人机巡检飞行速度不宜大于 10m/s；
④确认气象条件是否满足无人机作业要求；
⑤检查起降点净空范围内有无障碍物，满足安全起降要求。
7.2 安全策略
①当无人机巡检系统在飞行过程中出现偏离航线的情况时，飞手应采用一键返航；
②当无人机意外坠落时，飞手应第一时间切断动力电源；
③应提前设置低电压报警功能。</td></tr>
</table>

7.3 其他安全措施和注意事项： ①在巡检过程中，飞手始终注意观察无人机电机转速、电池电压、航向、飞行姿态等遥测参数，出现异常时应立即报告工作负责人； ②如遇雷、雨、大风天气应停止作业，无人机立即返航就近降落； ③操作人员工作前 8 小时不得饮酒。
8. 许可方式及时间 许可方式：当面通知 许可时间：____年____月____日____时____分至____年____月____日____时____分
9. 作业情况 作业自____年____月____日____时____分开始，于____年____月____日____时____分，无人机撤收完毕，现场清理完毕，作业结束。 工作负责人于____年____月____日____时____分 向工作许可人用当面报告方式汇报。 无人机巡检系统状况：良好
工作负责人：××× 工作许可人：×××
填写时间：____年____月____日

4.3.2 设备领用

作业前，飞手需到所在单位仓库填写设备领用单，写明无人机及相关配件型号及数量，作业完成后及时归还。如图 4-1 和图 4-2 所示。

图4-1　设备领用单

图4-2　设备交接

4.3.3 气象条件

在以下气象条件下，不宜开展配电网无人机巡检作业。

（1）能见度小于 300m 的天气情况。

（2）5 级以上大风或阵风。

（3）雾、雪、大雨、冰雹等恶劣天气。如突遇以上天气变化，已开展的作业应及时终止。

4.3.4 设备检查

（1）外观检查：检查无人机外观是否完好，无明显损坏或裂纹，检查桨叶是否完好。如图 4-3 和图 4-4 所示。

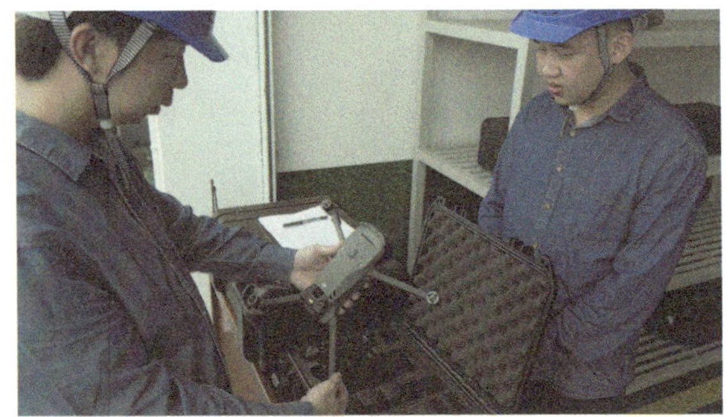
图4-3　无人机外观检查

图4-4　无人机桨叶检查

（2）电池检查：检查无人机电池的电量是否充足，并确保电池没有明显的损坏。如图 4-5 所示。

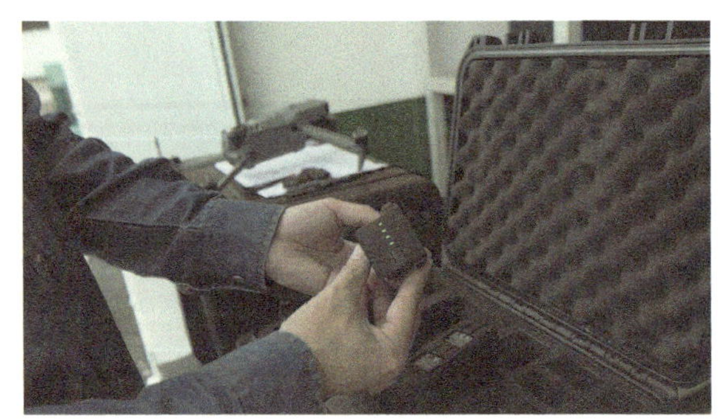
图4-5　无人机电池检查

（3）遥控器检查：检查无人机遥控器电量是否充足、能否工作正常，按钮、摇杆是否灵敏，无卡滞现象。如图 4-6 和图 4-7 所示。

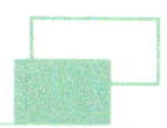

图4-6　无人机遥控器电量检查

图4-7　无人机遥控器检查

（4）无人机系统检查：检查图传、数传是否正常；软件版本是否需要更新；检查 GPS 和导航系统是否准确。如图 4-8 和图 4-9 所示。

图4-8　无人机图传检查

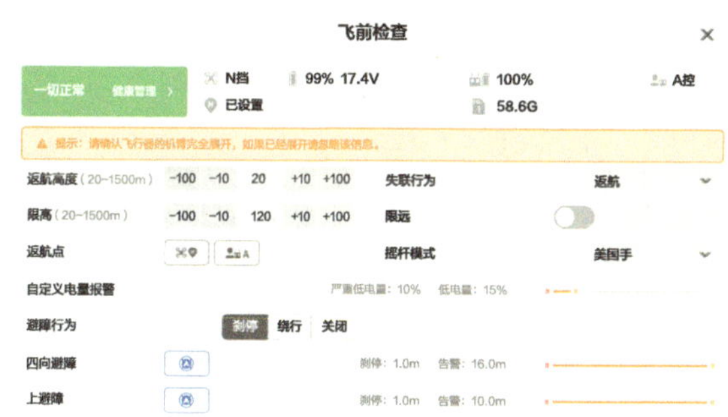

图4-9　无人机各系统功能检查

4.4 现场作业前准备

4.4.1 作业人员到达现场

（1）检查现场是否有临时变更的禁飞区域，飞行是否影响周边相关部门，如图 4-10 所示。

（2）观测天气：天气应为非雨、雪、大风天气，现场风速应小于 5 级，如图 4-11 所示。

（3）确认现场工作范围内应有适合无人机的起飞和降落的地点，如图 4-12 所示。

图4-10　现场勘察

图4-11　观测天气

图4-12　确定现场起降点

4.4.2 现场站班会

开始作业前，应进行“三交三查”工作“三交”是交任务、交安全、交措施；“三查”是查工作着装、查精神状态、查个人安全用具。检查完毕后履行许可手续。现场站班会如图 4-13 所示。

图4-13　现场站班会

4.4.3 飞行前准备

飞手按步骤安装无人机：展开无人机机臂，安装桨叶；展开遥控器天线，连接显示器（不带屏遥控器）；检查确认电池及遥控器电池电量，安装无人机电池。如图 4-14、图 4-15 和图 4-16 所示。

图4-14　设备摆放

图4-15　安装桨叶

图4-16　安装电池

无人机放置在起降点上，通过“短按 + 长按”的方法，开启遥控器电源；按相同方式开启无人机电源；打开显示器（不带屏遥控器）电源。进入飞行 App 操作界面，检查确认飞行状态栏中无异常报错，检查摇杆模式，检查返航高度，检查确认飞行模式为 P 模式，测试拍摄功能是否正常，确认照片储存位置，检查确认无人机完成返航点刷新状态。无人机安全起飞确认如图 4-17 所示。

图4-17　无人机安全起飞确认

4.5 飞行作业

4.5.1 飞行高度设置

点击功能键进入目标跟踪模式，设置飞行高度（根据杆塔高度设置约高出杆塔 2~3m 即可）。如图 4-18 所示。

4.5.2 无人机滑动起飞

无人机滑动起飞如图 4-19 所示。

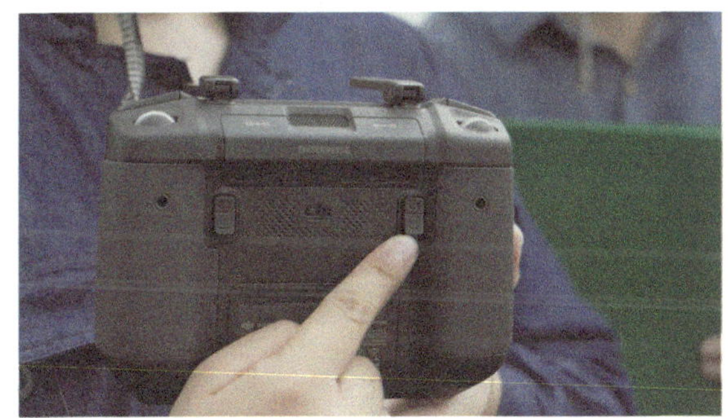

图4-18　功能键设置

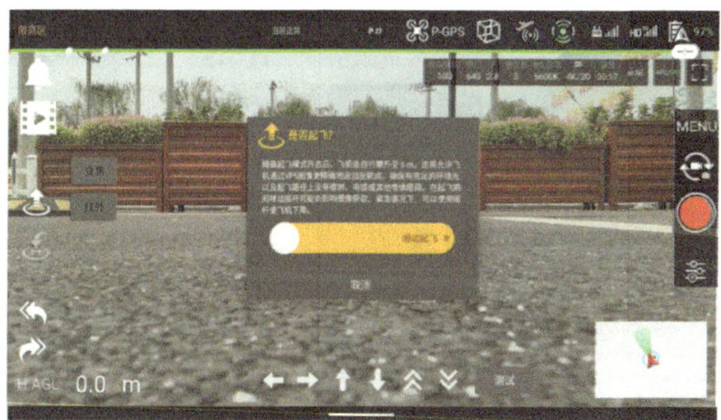

图4-19　无人机滑动起飞

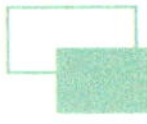

4.5.3 追踪目标确认

根据无人机识别目标，点击确认识别绝缘斗，如图 4-20 和图 4-21 所示。

图4-20　前往目标地

图4-21　无人机识别目标

4.5.4 无人机降落

作业完成后，点开 App 左侧一键降落功能滑动至最右侧解锁，无人机将缓慢降落至起降点，如图 4-22 所示。

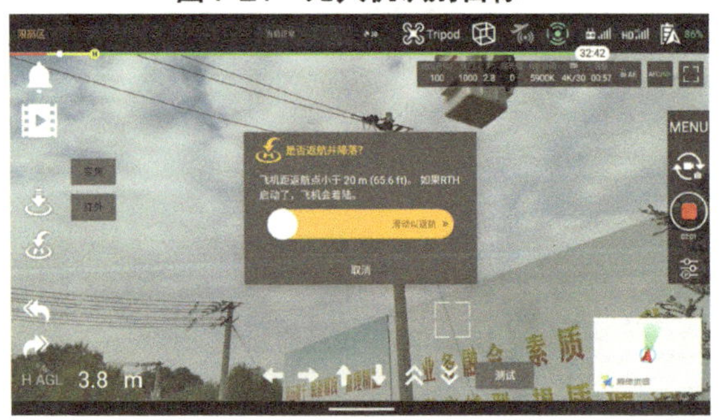

图4-22　一键降落

4.5.5 结束巡视作业降落无人机

无人机电机停止后，在遥控器监视屏幕上确认采集数据是否齐全，确认无误后以“短按 + 长按”的方式关闭无人机电源，再关闭遥控器电源。作业结束如图 4-23 所示。

图4-23　作业结束

4.6 作业完成

4.6.1 巡检完成整理设备

折叠遥控器天线，取下无人机桨叶。整理设备，确认现场无遗留物。工作负责人将工作任务单终结。如图 4-24 和图 4-25 所示。

图4-24　整理设备

图4-25　任务单终结

4.6.2 导出视频

无人机回到班组后，工作人员可通过两种方式将数据导出。

（1）工作人员可以通过 USB 数据线连接电脑导出照片数据。方法：打开无人机电源，无人机底部右侧防水盖打开，插入 type-c 数据线，并连接电脑，可在电脑中查看无人机盘符，导出数据。

（2）从无人机底部左侧防水盖中取出内存卡，使用读卡器连接电脑，导出数据。如图 4-26 所示。

图4-26　导出视频

第5章　异常处理

5.1　人员异常

若作业人员要长时间在高温天气或在低温严寒的天气下连续作业，必须准备充足的饮用水，装备必要的劳保用品，携带必要的药品，控制作业时间，穿戴适合作业的劳保衣物。

作业过程中，飞手突发不适，飞手或辅助人员应操作无人机就近在安全区域降落，结束任务，并立即对飞手开展紧急救护。

5.2　设备异常

飞行作业时，若无人机出现摄像头回传画面变灰，这是图传画面丢失，发生这种情况时，飞手应及时调整遥控器端天线的角度，以最大的扇面朝向无人机的方向。

当无人机系统出现指南针异常，飞手应迅速调整无人机的飞行模式，脱离干扰源，使得无人机趋于平稳以免坠毁；若仍不可控，现场辅助人员立即通知附近人员，做好规避措施，避免被坠落的无人机伤害。

当遥控器显示遥控信号和图传信号双丢失时，飞手调整遥控器天线位置的同时，应将无人机高度抬升，在断断续续的信号中，无人机接收到提升高度信号后，一般可离开隔挡物体，保证链路的畅通。

当检测系统显示电池电量低于30%时，飞手应该迅速降低无人机的飞行高度，手动操作无人机返回或启动无人机返航系统，控制无人机在安全区域降落，若电量已无法支持无人机返程时，飞手应就近选择安全地点降落，以防坠机事故发生。

5.3 坠机处理

5.3.1 建机制

各单位运维检修部应在公司的指导下，建立完善的无人机坠机事故应急处置预案及突发情况舆情响应机制。发生事故后，按照响应等级积极主动跟进坠机事故及损失的处理，并及时进行民事协调，做好舆情监控。

5.3.2 寻残骸

如果在飞行作业过程中，发生无人机坠机事故，相关工作人员应第一时间上报本单位运维检修部并迅速根据掌握的无人机系统最后地理坐标位置或机载追踪器发送的报文等信息及时寻找无人机。具体应急处理措施如下所述。

（1）在与遥控器连接的终端（手机）上切换至相应App界面（以常用的DJI GO4为例）。

（2）进入右上角（三条横杠）的选项内。

（3）选择倒数第二个选项“找飞机”。

（4）地图上会显示无人机的大概位置。

（5）单击无人机图标，会显示具体的坐标点。

（6）在电脑或手机端打开地图软件（地球在线、奥维地图等第三方软件），输入经纬度。

（7）进一步确认坠机地点，进入详细寻找。

5.3.3 妥善后

无人机发生事故后，要及时确认无人机的损坏情况及是否造成第三方损失。

（1）仅发生无人机损坏的，现场人员应妥善保存无人机残骸，立即向上级领导汇报现场无人机坠机过程及损坏情况，所在部门领导了解情况后，以书面形式向本单位运维检修部汇报，再在运维检修部的指导下开展自行维修或通过保险途径开展相应的专业维修。

（2）现场不仅发生无人机本体损坏，还给第三方造成损失的，现场人员应立即拍照取证，妥善保存无人机残骸，立即积极主动与第三方损失人开展民事协调，平稳其情绪，再联系当地签订无人机第三方责任险的保险公司赶赴现场取证和交流，根据理赔标准开展相应赔偿处理，其间及时向无人机管控室汇报处置情况。